我是 STEM 小达人科普系列

我是小小科学家

[英] 诗尼·索玛拉 著
[芬] 纳贾·萨雷尔 绘
孙悦华 译

四川科学技术出版社

鲁本连蹦带跳地跑下楼梯，今天是妈妈的生日，他们要去海边庆祝。

啪！

糟糕！鲁本不小心把手中的花瓶摔碎了，那可是他专门给妈妈做的生日礼物啊！这下他得重新找一个礼物了，找什么礼物好呢？

在和妈妈去海边的路上，鲁本四处张望，想找一个新礼物。

树上有些叶子已经开始变红了。"为什么树叶会变颜色呢？"鲁本问道。

"那是因为秋天到了，白天的**光照时间**变短了，而且树叶会开始慢慢掉落。等到天气变冷，树叶会掉得更快的。"

"妈妈，您怎么懂得这么多关于树的知识啊？"

"这是我的工作呀！妈妈是**生物学家**，是研究生命的科学家啊！"

太阳从云层后面钻了出来，发出耀眼的光芒。妈妈高兴地说："幸亏咱们涂了防晒霜，秋天的阳光也不弱啊！"

"太阳离我们那么远，怎么还能晒伤我们呢？"鲁本问道。

"太阳就像一个燃烧的大火球。"妈妈解释说,"它不仅会发出光亮,也会散发热量。太阳最外面的一层叫**日冕**,日冕的温度可达上百万摄氏度呢! "

太阳能电池板

"鲁本,看见那个房顶上的**太阳能电池板**了吗? 它把太阳的光能转化为电能,给人们提供生活用电。"

他们从垃圾桶旁边经过，鲁本去看垃圾桶上的图案。

"妈妈，为什么垃圾桶上面的图案不一样啊？"

"这三个垃圾桶都是装可回收物的垃圾桶，垃圾桶上不同的图案是为了引导人们把不同的垃圾扔到不同的垃圾桶里。"

垃圾分类回收对于物质的再利用非常重要。每种物质的再利用方式都不一样。

玻璃熔化了可以被制作成新的瓶子。

罐头盒可以用来制作回形针或衣架。

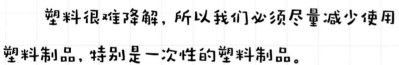

塑料很难降解，所以我们必须尽量减少使用塑料制品，特别是一次性的塑料制品。

废纸可以重新做成报纸或者卫生纸。

垃圾桶散发着臭味，鲁本想在这里给妈妈找个礼物根本不可能。

他们从公园里抄近路。

"妈妈，那些鸭子好小啊！"鲁本说。

妈妈点头道："是啊，它们可能刚出生没几天，可它们已经会游泳了。咱们人出生后通常需要一年左右的时间才能学会走路呢！"

妈妈告诉鲁本，人类和动物的某些方面很像，某些方面又完全不同。

"每种动物都有自己独特的地方，这要归功于一种叫作'进化'的过程。生物学家查理·达尔文早在19世纪就提出了**生物进化论**学说。"

"例如，有些蝴蝶经过长期进化，翅膀上呈现出特别鲜艳的颜色，捕食者会认为它们有毒而不敢去吃它们。"

他们走过一片向日葵地，向日葵大大的花盘都朝着鲁本，好像在向他打招呼。
鲁本停下来问道："这些花为什么长得这么高啊？它们要吃好多东西才行吧？"

他们来到了海边，鲁本问道："妈妈，为什么海水是咸的？"

"哦，那是因为海水中有盐啊！"妈妈说，"雨水将岩石中的含盐矿物质冲入河流，然后流入大海。当太阳光照射大海时，海洋表面的水分不断**蒸发**，而盐分几乎不会蒸发，只能留在海洋里，使得海水变咸。"

鲁本踢掉自己的鞋子, 开心地在海滩上跳来跳去。

扑通!

鲁本终于玩累了。妈妈拿出一条毛巾，擦干鲁本脚上的水。

"为什么毛巾能擦干我皮肤上的水呢？"鲁本问道。

"那是因为制作毛巾的材料能够吸水，而我们的皮肤则不一样，皮肤表面有**角质层**，能限制体内水分的流失。"

妈妈指着海滨小卖部，对鲁本说："走，咱们吃点儿好吃的去。"

鲁本打算给妈妈买杯饮料，把它作为生日礼物，但他的零花钱已经花光了！

于是，妈妈给鲁本买了一个冰激凌，给自己买了一杯饮料。

"快吃呀，冰激凌一会儿就化了。"妈妈说。

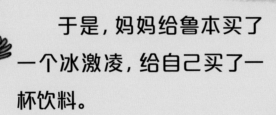

鲁本一边加快吃冰激凌的速度，一边问道："为什么冰激凌会化呢？"

"冰激凌是液体在很低的温度下凝结而成的。把冰激凌从冰箱里拿出来后,外面温度较高,它就会融化为液体。"

"就像冰块一样,也会融化!"鲁本指着妈妈的饮料说。

"冰激凌太好吃了！"鲁本说，"妈妈，我能再吃一个吗？"

妈妈笑着说："看在我生日的份儿上，可以再吃一个，不过得等一会儿。儿子，冰激凌吃太多不利于身体健康哦！"

"为什么呢？"鲁本问。

"因为吃太多冷的食物，会导致肠胃不舒服，甚至引起痉挛。"妈妈说。

冰激凌里面有大量的糖，科学家**玛丽·戴利**曾经研究过饮食对人体的作用，她想了解糖对身体健康有什么影响。

研究发现，吃少量的糖有助于保持心脏健康，但吃得过多则有危害。

鲁本想出了一个好主意: 为妈妈制作一个蛋糕沙堡, 把它作为生日礼物。

"妈妈, 您今年多少岁啊? " 鲁本想知道应该插上多少根生日蜡烛。

"妈妈今年44岁了，是不是听起来有点儿老？哈哈，其实妈妈还年轻，有一位特别聪明的科学家叫**辛西娅·凯尼恩**，她正在努力地破解衰老的秘密！"

"我们的身体有着数十亿个细胞，每个细胞都含有成千上万的基因，基因是带有遗传信息的DNA片段，而DNA是储藏、复制、传递遗传信息的主要物质。"

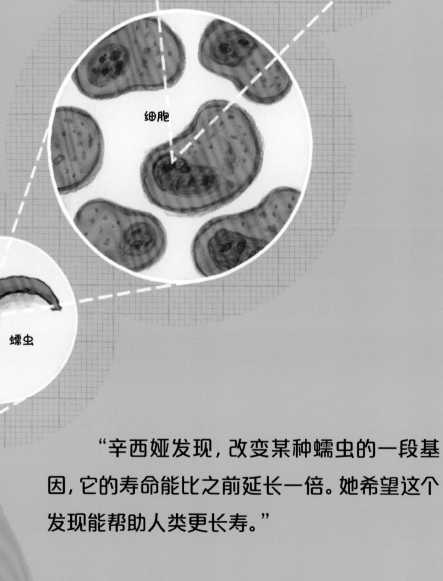

DNA

细胞

蠕虫

"辛西娅发现，改变某种蠕虫的一段基因，它的寿命能比之前延长一倍。她希望这个发现能帮助人类更长寿。"

海水慢慢涨了上来，离鲁本做的蛋糕沙堡越来越近了。不一会儿，海水开始冲刷鲁本的蛋糕沙堡了！

　　鲁本着急地跳了起来，喊道："妈妈，那是我给您的生日礼物！我再没有别的礼物了，本来做了一只花瓶，但是被我摔碎了！"

妈妈张开双臂抱住鲁本，安慰他说："宝贝，没关系的，今天你已经给了妈妈最好的生日礼物！让妈妈一整天都和最爱的人在一起。"

鲁本想了想，说："这听起来确实像一个不错的礼物。我直到把礼物给您了还不知道呢！"

"这有点儿像科学探索的过程。"妈妈说。

"科学家经常探索未知的世界，通过观察和实验来验证我们的世界是怎样运转的。历史上有很多科学家做出了重要的贡献！"

妈妈开始给鲁本讲她最喜欢的科学家的故事。

有位科学家叫**亚历山大·弗莱明**，就是他无意间发现了青霉素。有一次他休假结束，回到实验室，发现里面那一堆培养皿中有一个长了一层霉菌。

他意识到是这些霉菌杀死了培养皿中原有的细菌。现在我们把这种霉菌叫作青霉菌，它分泌出来的杀死细菌的物质就叫**青霉素**。直到今天，青霉素仍被用来治疗细菌感染。

"哇！我还有一个问题……"鲁本说。

"怎样才能成为一名科学家呢?"

树会有感觉吗?

在这个不可思议的世界里,有着好多好多的谜题。科学家的任务就是通过观察和研究,努力解开这些谜题。

我们为什么会做梦呢?

在大海的底部会有什么呢?

外太空是空荡荡的吗？

我们能停止变老吗？

你认识一些科学家吗？也许可以告诉他们，你在观察中想到的问题。除此之外，你还有很多获取科学知识的方法，比如读书或和大人一起上网查询。

科学家不断加深人们对世界的了解和认识，并帮助人类拥有更加美好的生活。

科学家是怎样完成科学发现的呢?

科学家通过实验来进行探究。比如咱们试着做一个简单的实验,来制造隐形墨水。记住,当你想做科学实验的时候,你一定要先得到大人的允许,因为有些实验会发生危险。

1.找一个小碗,将半个柠檬挤出汁来,并和几滴水混在一起。

你可以试着以不同量的水与柠檬汁混合,看哪种比例能够调试出最好的隐形墨水。

2.之后你可以用棉签当作笔,蘸上柠檬汁和水的混合液,在白纸上写一些悄悄话。

水使柠檬汁隐形，加热使柠檬汁变成棕色。

3.想要知道悄悄话写的是什么，你可以把白纸靠近台灯，电灯泡散发的热量会使纸上的笔迹变成棕色。

最好和朋友们一起来做实验，大家相互学习交流，收获更大哦！

4.除了用柠檬，也可以从厨房里找另外一些液体来试试，比如牛奶等。

记住，实验失败了也没关系，发现什么不起作用与发现什么起作用都会教给我们同样多的知识！

优秀的科学家会让世界变得更加美好！

图书在版编目（CIP）数据

我是小小科学家 /（英）诗尼·索玛拉著；（芬）纳
贾·萨雷尔绘；孙悦华译. -- 成都：四川科学技术出
版社，2022.3
　（我是STEM小达人科普系列）
　书名原文：A SCIENTIST LIKE ME
　ISBN 978-7-5727-0347-8

　Ⅰ.①我… Ⅱ.①诗… ②纳… ③孙… Ⅲ.①科学知
识-儿童读物 Ⅳ.①N49

中国版本图书馆CIP数据核字(2021)第215478号

著作权合同登记图进字21-2021-291号
A SCIENTIST LIKE ME
First published in Great Britain in 2021 by Wren & Rook
Copyright © Hodder & Stoughton Limited, 2021

我是 STEM 小达人科普系列 WO SHI STEM XIAODAREN KEPU XILIE

我是小小科学家 WO SHI XIAOXIAO KEXUEJIA

著　　者　［英］诗尼·索玛拉
绘　　者　［芬］纳贾·萨雷尔
译　　者　孙悦华
出 品 人　程佳月
责任编辑　江红丽
助理编辑　潘　甜　魏晓涵
特约编辑　米　琳　王冠颖
装帧设计　程　志
责任出版　欧晓春
出版发行　四川科学技术出版社
　　　　地址：四川省成都市槐树街2号　邮政编码：610031
　　　　官方微博：http://weibo.com/sckjcbs
　　　　官方微信公众号：sckjcbs
　　　　传真：028-87734035
成品尺寸　250 mm × 275 mm
印　　张　$2\frac{2}{3}$
字　　数　53千
印　　刷　宝蕾元仁浩（天津）印刷有限公司
版　　次　2022年3月第1版
印　　次　2022年3月第1次印刷
定　　价　25.00元

ISBN 978-7-5727-0347-8

邮购：四川省成都市槐树街2号
电话：028-87734035　邮政编码：610031